美丽的罗马尼亚蕾丝

〔日〕三轮浦绿 著

蒋幼幼 译

河南科学技术出版社

· 郑州 ·

说到罗马尼亚手工艺，很多人脑海中都会浮现出绚丽的民族服装，上面有色彩丰富的刺绣以及华丽的珠绣。其实，除此之外，还有朴实且富有生命力的蕾丝。这种蕾丝曾经是当地人的日常生活用品，经洗耐用，而且家家户户代代相传，质朴又结实。在大雪围困的漫长冬季里，这或许还是贴补家用的手工活之一。我在罗马尼亚的旅途中，每次看到洗褪色的旧蕾丝都会很感动。看得出来，它们一直被全家人珍惜地使用着。

遗憾的是，关于罗马尼亚蕾丝的起源并不明确，相关文献也很少。据我查证，这种蕾丝也被叫作"macramé lace"和"lasetǎ"，在东欧各地都有。我想应该是威尼斯盛行的针绣蕾丝（needlepoint lace）传到东欧之后，人们开始用当地偏粗的线制作，慢慢演变成了现在的罗马尼亚蕾丝。虽然与14世纪到16世纪欧洲文艺复兴时期的蕾丝相似，但是最大的区别在于，文艺复兴时期的蕾丝是用织带勾勒图案，而罗马尼亚蕾丝是用钩针编织的辫子勾勒图案，这种方法是独一无二的。据说钩编蕾丝传到欧洲是在16世纪左右，由此可以推测，钩编蕾丝与当地的针绣蕾丝融合并发展成现在的工艺形式是在16世纪以后。

我是在丈夫调到关西工作时从买到的编织书《毛线球》（日本宝库社1991年12月出版）上第一次看到罗马尼亚蕾丝的。其中有一篇文章介绍了白鸟千鹤子老师在纽约看到的罗马尼亚蕾丝。回到关东后，我就开始去白鸟老师的教室上课了，单程2小时，每月2次。

当时并没有教材，上课时要自己动手把图案和制作说明记在本子上。我经常问很多遍才能理解，也许给老师添了很多麻烦吧。到现在30多年过去了，不知不觉自己也成了老师。

时间和精力比较宽裕时，我会尝试用与平常不同的挂线方法或朝不同方向运针走线……有时就会偶然发现新的针法。我总是寻思着，是否可以在罗马尼亚蕾丝的框架基础上制作出具有自己风格的蕾丝。当我用自己喜欢的针法一点一点填充图案时，整个过程真是快乐极了。

正如介绍白鸟老师的文章为我打开了罗马尼亚蕾丝的大门，希望本书可以带领大家开启罗马尼亚蕾丝之旅。

三轮浦绿

目 录

*注：（　）内是图案或制作方法所在的页面。

另附实物大图案纸型A面、B面

*注：（　）内是刺绣方法所在的页面。

三叶草装饰垫

制作方法　纸型 A 面

花朵装饰垫

制作方法　纸型 A 面

I

II

III

IV

在反面缝上胸针，可以点缀在衣服上。

书皮

缝在心爱的书皮上。
书皮的缝制方法 纸型A面

小玫瑰

制作方法　纸型A面

郁金香装饰垫

制作方法　纸型Ａ面

装饰链

制作方法　纸型 B 面

将小花花片缝在2根辫子上，
再用蕾丝钩针钩织叶片缝在辫子上。
垂挂方式可以按个人喜好调整。

枕套
制作方法　纸型B面

Ⅱ

Ⅰ

14

袖口

制作方法　纸型 B 面

这里被当作纽扣使用的是
"葡萄果实"花样。

装饰领

制作方法　纸型B面

将后侧翻折立起，贴合颈部落在衣服的前面。

茶席

制作方法　纸型 B 面

花环
制作方法　纸型B面

在罗马尼亚蕾丝中，

用钩针编织辫子勾勒出图案的轮廓，

再在辫子围住的空间内用刺绣针进行刺绣填充。

本书作品由 6 种辫子以及后面几页介绍的针法（10 种花瓣形、2 种心形、4 种圆形、12 种叶子形）组合起来制作而成。

即使是同一种形状，

内部刺绣的针法不同，给人的印象也会大不相同。

针法的选择往往可以突显作品的个性，

这正是罗马尼亚蕾丝的妙趣所在。

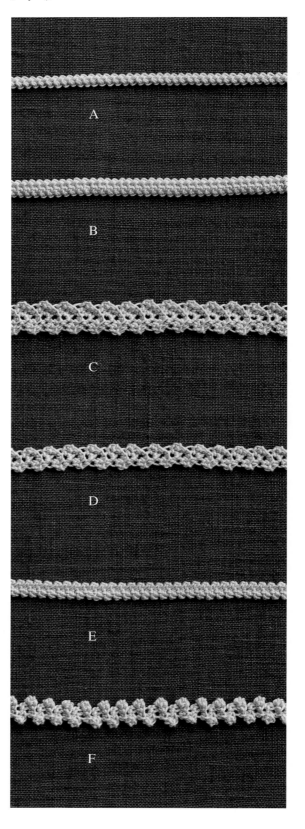

花瓣的针法

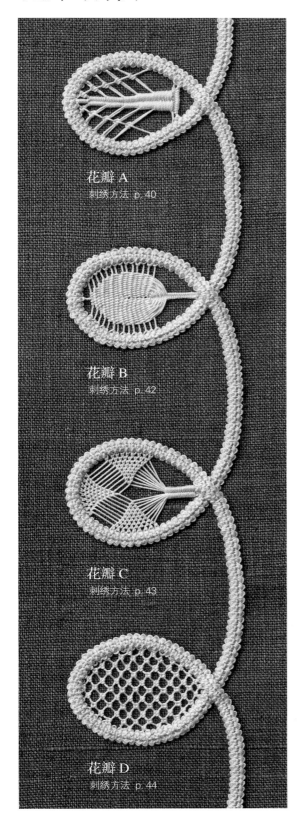

花瓣 A
刺绣方法 p. 40

花瓣 B
刺绣方法 p. 42

花瓣 C
刺绣方法 p. 43

花瓣 D
刺绣方法 p. 44

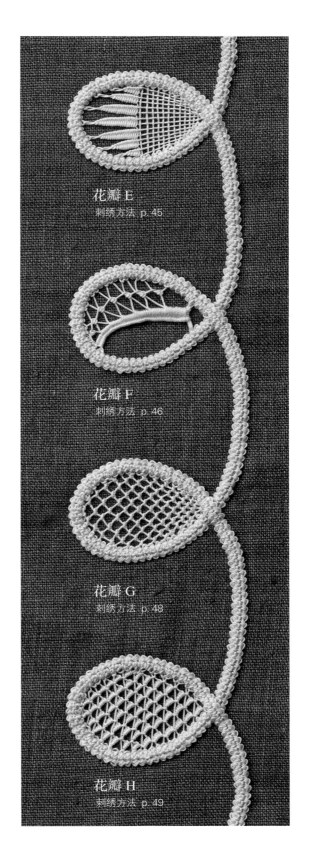

花瓣 E
刺绣方法 p. 45

花瓣 F
刺绣方法 p. 46

花瓣 G
刺绣方法 p. 48

花瓣 H
刺绣方法 p. 49

花瓣的针法

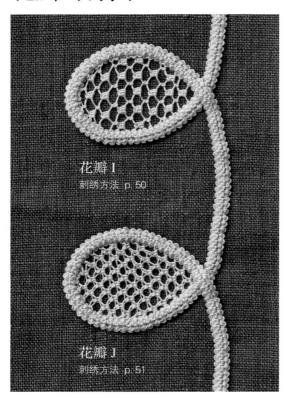

花瓣 I
刺绣方法 p.50

花瓣 J
刺绣方法 p.51

心形的针法

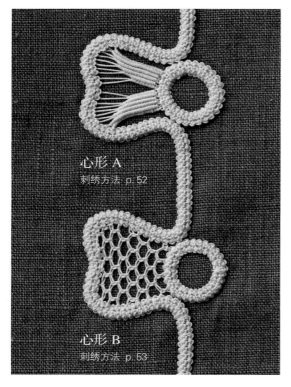

心形 A
刺绣方法 p.52

心形 B
刺绣方法 p.53

圆形的针法

圆形 A
刺绣方法 p.54

圆形 B
刺绣方法 p.57

圆形 C
刺绣方法 p.55

圆形 D
刺绣方法 p.56

叶子的针法

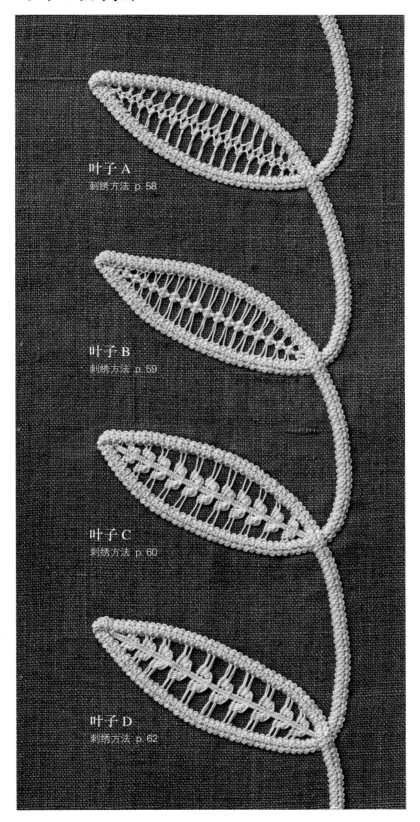

叶子A
刺绣方法 p. 58

叶子B
刺绣方法 p. 59

叶子C
刺绣方法 p. 60

叶子D
刺绣方法 p. 62

叶子的针法

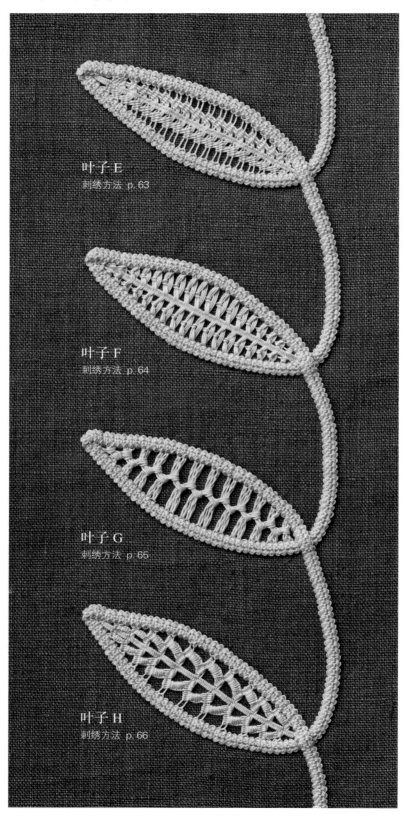

叶子 E
刺绣方法 p. 63

叶子 F
刺绣方法 p. 64

叶子 G
刺绣方法 p. 65

叶子 H
刺绣方法 p. 66

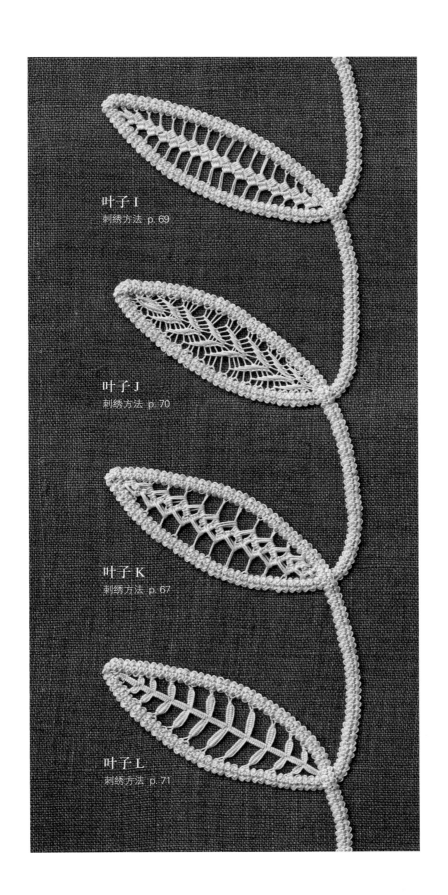

叶子I
刺绣方法 p.69

叶子J
刺绣方法 p.70

叶子K
刺绣方法 p.67

叶子L
刺绣方法 p.71

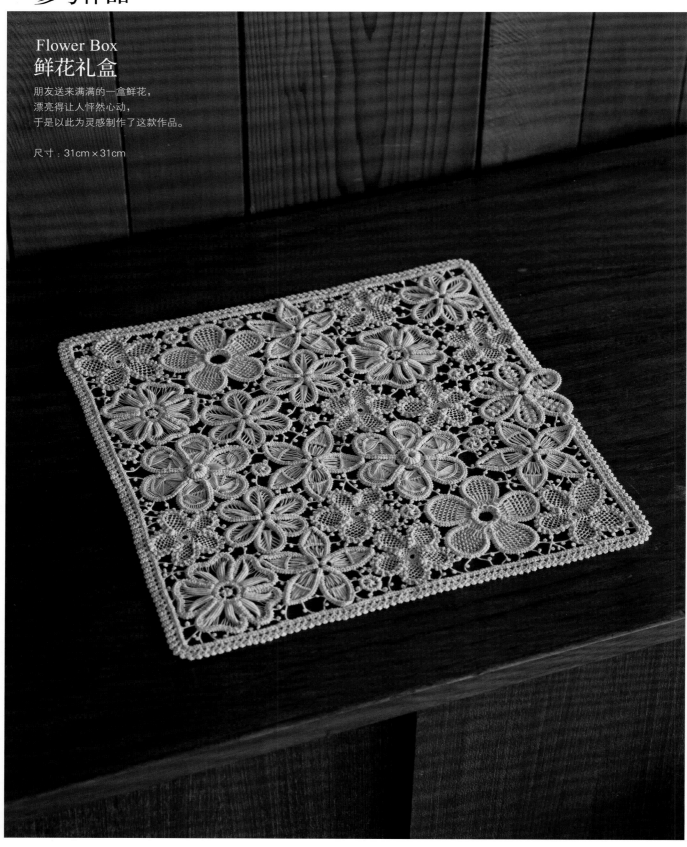

Flower Box
鲜花礼盒

朋友送来满满的一盒鲜花，
漂亮得让人怦然心动，
于是以此为灵感制作了这款作品。

尺寸：31cm×31cm

Tablecloth
台布

每日趁闲暇时一点一点制作，
去罗马尼亚旅游时也随身携带，
以便在当地继续刺绣。
这是一款充满回忆的作品。

尺寸：直径约90cm

专栏
罗马尼亚之旅!

自从开始制作罗马尼亚蕾丝，我便对其背景产生了兴趣。那时恰好看到一本书，是宫嶨成老师的摄影集《罗马尼亚的红蔷薇》（日本宝库社出版，1991年）。翻着翻着就被深深地吸引了，进而萌发出想去看的念头。而且，在参加了几次演讲会等活动后，有幸与宫嶨成老师成为朋友。

第一次是跟随旅游团去的罗马尼亚，后来在2003年又与朋友一起两个人去了一次。我们没有去那些旅游景点，而是选择住在马拉穆列什和特兰西瓦尼亚地区的村民家，依靠手势和他们交流，一起做了点心和刺绣。左图是在博物馆看到的民族服饰，与蕾丝的素朴形成鲜明的对比，非常绚烂华丽。

每次看到当地的蕾丝书籍，我都会立即买下来。这些全部是古书。旅途中，有时也会请人直接将实物图案转印下来。当时那些村庄还没有复印机，他们就将布料和复写纸叠放在蕾丝上，用汤匙进行拓印，这种技法让我们惊讶不已。

2011年，我在宫嶨成老师的介绍下参加了罗马尼亚旅游团。我们还进入了欧洲最大的湿地多瑙河三角洲，坐着船在迷宫一般的三角洲中漂流了2天。一到晚上，就会听到青蛙大合唱，看到满天的繁星……置身于大自然中，大群的鹈鹕以及其他各种野鸟令人着迷。也是从那时开始，我变成了一名观鸟爱好者。

★

★

2019年秋天，我去了一直想去的内格雷尼小镇，那里的人们会在河床上举办大规模的"露天跳蚤市场"。一有火车从边上飞驰而过，蕾丝和台布便会随风飘扬。这个跳蚤市场真是不小。宽阔的市场上到处都是五颜六色的手工艺品，我整整逛了2天，兴奋不已。

后来我又去了锡克村，体验了民宿。不仅欣赏了装饰在家中的手工艺品，还品尝了美味的家庭料理（甚至收到了土特产罐头）。另外，还与上次旅行时承蒙关照的朋友们重逢，拥抱了很多次。

★

★

★

★

在首都布加勒斯特的朋友家，她展示了许多亲手刺绣的作品，还将她婆婆制作的珍贵蕾丝作品送给我当作礼物。上面的精美针脚是用非常纤细的线制而成的（右图）。我将它放在家中随时可见的地方，时常观赏，时常怀念。

材料与工具

A 描图用的布料（图案底布）

建议使用韧性适中、可以透视图案的布料（最好在刺绣结束前不会磨损变形）。服装辅料的衬布刚刚好，我使用的就是衬布。

B 蕾丝线…参照下方
C 油性笔（极细）…以不易渗墨为宜
D 气消笔（笔迹在一段时间后自然消失）
E 疏缝线
F 8号蕾丝钩针
G 定位针
H No.22十字绣针
I 线剪

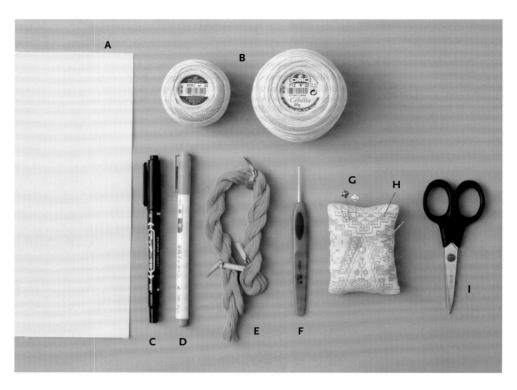

本书作品中使用的蕾丝线

DMC Cordonnet Special 20号
颜色：ECRU
棉100%／每团20g（160m）

DMC Cébélia 20号
颜色：712
棉100%／每团50g（410m）

这两款线莹润、有光泽，都非常漂亮。本书作品没有使用纯白色的线，而是选择了接近罗马尼亚线的原白色线。
Cordonnet Special的捻度较强，容易刺绣各种针法，所以使用的最多。
Cébélia的捻度较松，刺绣效果给人柔和的印象。用它钩织的辫子也略粗一点，所以单股辫经常使用这款线钩织。

关于十字绣针

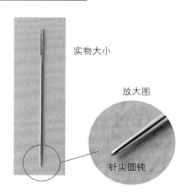

实物大小

放大图

针尖圆钝

刺绣时，使用十字绣针。因为十字绣针的针头比较圆钝，不会发生劈线的现象，更容易挑取线圈。左边的蕾丝线对应使用型号为No.22的十字绣针。

制作步骤

下面以p.4"三叶草装饰垫"为例，讲解作品的制作步骤。注：图示中未标注单位的数字，单位均为厘米（cm）。

制作要点

◎由于钩织辫子时手的松紧因人而异，辫子的粗细以及线圈的数量也不尽相同。随之产生的问题是，有时不能按图样上的线条数量和位置刺绣。此时以"美观"为主，可以根据自己的辫子情况进行刺绣。

◎同样，因为每个人拉线时的松紧度不同，绣出的针脚也可能与图样有所差异，只要一针一针仔细刺绣即可。不急不躁、有条不紊地运针是制作出精美作品的秘诀所在。

1 描图

1 将图案底布裁剪至比图案大3~5cm，叠放在实物大图案上，用定位针固定好，再用极细的油性笔在布面上描出图案。

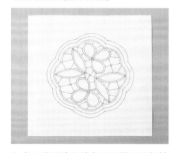

2 表示连缀线的线条以及辫子的钉缝起点和终点标记●也要描出来。

如何看懂纸型中的实物大图案

针法名称与刺绣方法所在页面

a

b

花瓣A（p.40）

叶子B（p.59）

叶子A（p.58）

叶子A

叶子B

花瓣H（p.49）

辫子A（p.35）

连缀线（p.33）

连缀线交叉位置（根数为偶数）（p.33）

5mm
用锯齿绣连接（p.38）

辫子A

辫子C（p.36）

所用辫子的种类与钩织方法所在页面

C 将辫子钉缝在图案底布上的起点与终点标记。从●朝箭头方向开始钉缝，再回到终点●结束钉缝

17

17

2 辫子的钉缝 →辫子的钩织方法见p.35~p.37

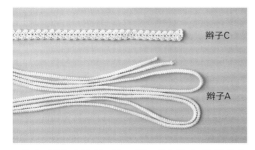

辫子C

辫子A

1 根据制作方法的"使用辫子"中指定的种类和长度准备辫子。这款作品中，辫子A为150cm，辫子C为54cm。

线圈

10cm左右

2 将辫子钩织起点的线挑松，稍微拆掉一点，使辫子的一端持平。留出10cm左右的线头，当成后面的缝合线。

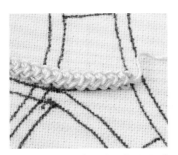

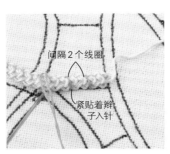

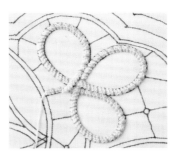

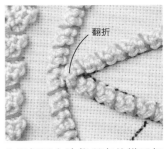

3 将辫子的一端（钩织起点）对齐钉缝起点的●标记（p.31图案中的a位置）。

4 使用2根疏缝线，按"连笔画"的要领沿着图案钉缝辫子，一直钉缝到终点的●标记（p.31图案中的b位置）。

间隔2个线圈
紧贴着辫子入针

5 钉缝到终点位置后，在●标记往外约1cm处剪断辫子。

稍微留长一点

6 用相同方法将所有的辫子钉缝好。叶尖等锐角位置如图所示将辫子翻折后再固定。

翻折

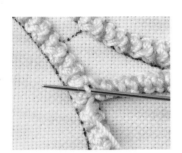

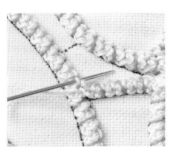

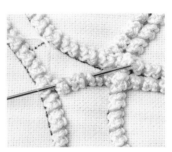

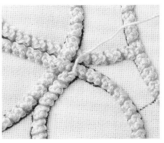

7 处理辫子末端的线头。将钉缝起点留出的线头穿入十字绣针。在相邻辫子的线圈里穿1次针。

8 接着在旁边的线圈里入针后拉出。

9 在原来的辫子中穿针1.5cm左右，拉出线后贴着辫子剪断。

10 在辫子的钉缝终点，拆掉多留的部分，使其与待连接的辫子刚好对齐。再将拆出来的线头穿入十字绣针。

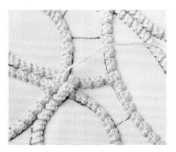

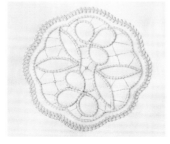

11 用步骤7~9相同的方法，在辫子中穿线藏好线头。

12 辫子全部钉缝完成，也做好线头处理后的状态。眼前看到的这一面就是作品的正面。

3 开始刺绣 →各种针法的刺绣方法见p.40~p.71

刺绣起点的线头处理

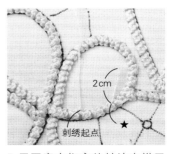

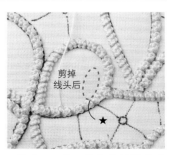

2cm
刺绣起点

剪掉线头后

1 用图案中指定的针法在辫子的内侧进行刺绣填充。取60cm左右的蕾丝线穿入十字绣针，在刺绣起点位置稍远的地方（★）入针，再从刺绣起点位置出针，留出2cm左右的线头。

2 将步骤1中★处留出的线头贴着辫子剪断，然后开始刺绣。刺绣终点也用相同方法，在辫子中穿线，处理好线头。

全部刺绣完成后 *为了便于理解，接下来的讲解中将图案底布换成了藏青色，将疏缝线换成了白色。

```
  8  5     4  1      缝合线
                     线圈
  7     6  3     2   辫子
```

4 缝合辫子的相接位置

U形挑针

1 将蕾丝线穿入十字绣针，在缝合范围一端的线圈**1**里从上往下入针。

2 在对面辫子的线圈**2**里出针。

3 在**2**旁边的线圈**3**里入针，再从**1**旁边的线圈**4**里从下往上出针。

4 重复步骤**1~3**，呈U形挑针缝合。

5 相接范围缝合完成后，在辫子中穿线移至下一个缝合位置，用相同方法呈U形挑针缝合。

5 连缀

连缀线的制作方法

    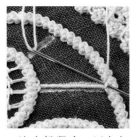

1 根据图案中描出的连缀线位置，在最近的线圈**1**里从上往下入针，在对面的线圈**2**、**3**里呈U形挑针，再从**1**旁边的线圈**4**里从下往上出针。

2 在线圈**1**里再次入针。

3 刚才拉出的**2**条线就是连缀线的芯线。用针从前面挑起这**2**条线。

4 从上往下在芯线上绕线，注意绕好的线靠紧左侧，不要重叠，连续绕线。

5 注意松紧度，以免扭曲变形，绕线至末端后，在终点线圈里从下往上出针。然后在辫子中穿线，处理好线头（参照p.32）。

◆**连缀线交叉位置（根数为偶数）** 在连缀线的交叉点上绕线固定

   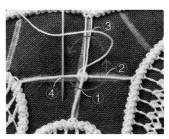

1 制作**1**根连缀线。

2 将第**1**根连缀线夹在中间，拉出第**2**根连缀线的**2**条芯线。

3 绕线至交叉点，按"①连缀线的上方→②芯线的下方→③连缀线的上方→④芯线的下方"穿线。

4 用相同方法绕**2**或**3**圈线后，再逆时针方向绕线（①芯线的上方→②连缀线的下方→③芯线的上方→④连缀线的下方）。

  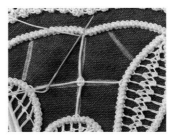

5 绕2或3圈线后，从下方挑起芯线。

6 继续在剩下的芯线上绕线，完成第2根连缀线。

7 最后在终点线圈里从下往上出针，然后在辫子中穿线，处理好线头（参照p.32）。

6 连接装饰边缘的2根辫子

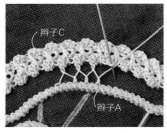 

在图案外圈的辫子A与辫子C之间做锯齿绣（参照p.38），将2根辫子连接在一起。

7 拆掉疏缝线

1 仔细确认是否有遗漏刺绣的地方。如果全部刺绣完毕，可以开始拆疏缝线。在反面将疏缝线剪断。

2 用十字绣针的针尾或者锥子等工具仔细拆除疏缝线。

8 辫子的首尾连接

辫子绕一圈后对接的地方（p.31图案中的c位置），正面在把辫子钉缝在底布上时进行缝合，反面在拆掉疏缝线后进行缝合。

至此，作品就完成了。

辫子的钩织方法

因为要在辫子中穿针处理线头，请注意不要钩织得太紧。
＊为了便于理解，此处图片中的辫子用10号蕾丝线和6号蕾丝钩针制作。

线圈
线圈

辫子A（单股辫）

基础辫子。因为比较细，可以表现出细腻的效果。

1 钩2针锁针，在第1针锁针里插入钩针，挂线后拉出。

2 再次挂线引拔，钩织短针。

3 如箭头所示翻转织物。

4 翻转后的状态。接着如箭头所示插入钩针。

5 挂线后拉出。

6 再次挂线引拔，钩织短针。

7 如箭头所示翻转织物。

8 翻转后的状态。接着如箭头所示在2根线里插入钩针。

9 挂线后拉出，钩织短针。

10 翻转织物，重复步骤8、9。

线圈　线圈

辫子B（双股辫）

这也是基础辫子。顾名思义，双股辫比单股辫粗一点，也更加结实。

  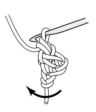 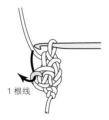 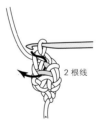 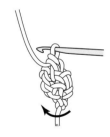

第2针
第1针

2根线

1根线

2根线

1 钩3针锁针。按第2针、第1针的顺序在锁针的半针里插入钩针，分别钩织短针。

2 接着如箭头所示插入钩针，钩织短针。

3 如箭头所示翻转织物。

4 翻转后的状态。接着如箭头所示插入钩针，钩织短针。

5 如箭头所示插入钩针，钩织短针。

6 如箭头所示翻转织物。

 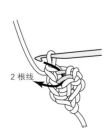  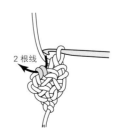 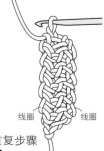

2根线

2根线

2根线

线圈　线圈

7 翻转后的状态。接着如箭头所示插入钩针，钩织短针。

8 如箭头所示插入钩针，钩织短针。

9 如箭头所示翻转织物。

10 翻转后的状态。接着如箭头所示插入钩针，钩织短针。

11 重复步骤8~10。

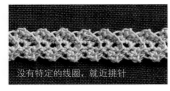

没有特定的线圈，就近挑针

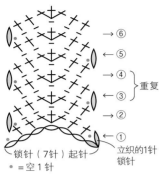

锁针（7针）起针 → 立织的1针锁针
• = 空1针

辫子 C

偏宽的镂空设计。用于装饰边缘等，比较扁平。

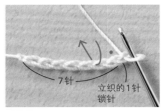

1 钩7针锁针，立织1针锁针。接着空1针锁针，在下个锁针的半针里插入钩针。

2 第1行。先钩2针短针，接着在中心钩3针短针，再钩2针短针。

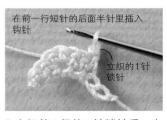

3 立织第2行的1针锁针后，向前翻转织物。

4 第2行。空1针，在前一行短针的后面半针里插入钩针，按符号图钩织短针的棱针（参照纸型的B面），接着立织第3行的1针锁针。如箭头所示翻转织物。

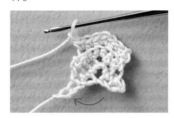

5 第3行。空1针，按符号图钩织短针的棱针，立织第4行的1针锁针。如箭头所示翻转织物。

6 第4行。空1针，按符号图钩织短针的棱针，立织第5行的1针锁针。如箭头所示翻转织物。重复步骤5、6。

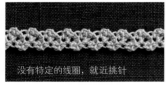

没有特定的线圈，就近挑针

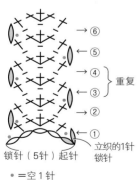

锁针（5针）起针 → 立织的1针锁针
• = 空1针

辫子 D

可以表现出可爱的风格。用于装饰边缘等。

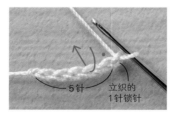

1 钩5针锁针，立织1针锁针。接着空1针锁针，在下个锁针的半针里插入钩针。

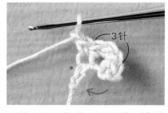

2 第1行。先钩1针短针，接着在中心钩3针短针，再钩1针短针。立织第2行的1针锁针，如箭头所示翻转织物。

3 第2行。空1针，在前一行短针的后面半针里插入钩针，按符号图钩织短针的棱针（参照纸型的B面），接着立织第3行的1针锁针。如箭头所示翻转织物。

4 第3行。空1针，按符号图钩织短针的棱针，立织第4行的1针锁针。如箭头所示翻转织物。

5 第4行。空1针，按符号图钩织短针的棱针，立织第5行的1针锁针。如箭头所示翻转织物。重复步骤4、5。

线圈

线圈

辫子 E

宽度与辫子B差不多，不过厚度稍薄一点。可以用来表现柔和的线条。

第2针
第1针

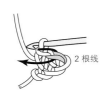

2根线

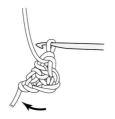

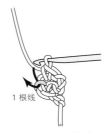

1根线

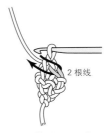

2根线

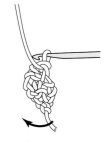

1 钩3针锁针，按第2针、第1针的顺序在锁针的半针里插入钩针，分别钩织短针。

2 接着如箭头所示插入钩针，钩织短针。

3 如箭头所示翻转织物。

4 翻转后的状态。接着如箭头所示插入钩针，钩织短针。

5 如箭头所示插入钩针，钩织短针。

6 如箭头所示翻转织物。

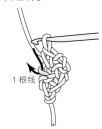

1根线

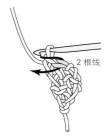

2根线

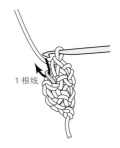

1根线

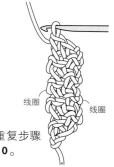

线圈　　线圈

7 翻转后的状态。接着如箭头所示插入钩针，钩织短针。

8 如箭头所示插入钩针，钩织短针。

9 如箭头所示翻转织物。

10 翻转后的状态。接着如箭头所示插入钩针，钩织短针。

11 重复步骤**8~10**。

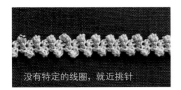

没有特定的线圈，就近挑针

辫子 F

有立体感，也可以直接当项链、手链等。

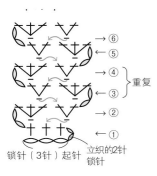

锁针（3针）起针　立织的2针锁针

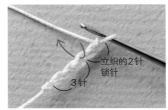

3针

立织的2针锁针

1 钩3针锁针，立织2针锁针。接着在锁针的半针里插入钩针。

3针

2 第1行。钩3针短针，立织第2行的2针锁针，如箭头所示翻转织物。

3 第2行。在前一行短针的后面半针里插入钩针，分别在第1针和第2针里钩织3针和2针短针的棱针（参照纸型的B面）。立织第3行的2针锁针，如箭头所示翻转织物。

4 第3行。按符号图钩织短针的棱针，立织第4行的2针锁针。如箭头所示翻转织物。

5 第4行。按符号图钩织短针的棱针，立织第5行的2针锁针。如箭头所示翻转织物。重复步骤4、5。

刺绣基础针法

下面统一介绍常用的基础针法。
除扣眼绣以外，为了便于称呼，其他针法主要根据外形命名。

◎扣眼绣（BHS=Buttonhole Stitch）

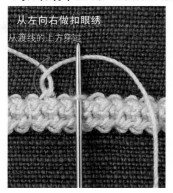

从左向右做扣眼绣
从渡线的上方穿过

从右向左做扣眼绣
从渡线的上方穿过

1 参考图示从线圈里入针，再从渡线的上方穿过，向右边刺绣。空出1个线圈，接着从下一个线圈里入针。

2 从渡线的上方穿过，2针的扣眼绣就完成了。重复"从线圈里入针，再从渡线的上方穿过，从左向右刺绣"。

1 从线圈里入针，再从渡线的上方穿过，向左边刺绣。空出1个线圈，接着从下一个线圈里入针。

2 从渡线的上方穿过，2针的扣眼绣就完成了。重复"从线圈里入针，再从渡线的上方穿过，从右向左刺绣"。

◎锯齿绣（Zigzag Stitch）

穿线后开始刺绣

从渡线的上方穿过

1 刺绣起点先在右侧辫子中穿线，从线圈**1**的下方将线拉出。在左侧斜下方的线圈**2**里从上往下入针。

2 从渡线的上方穿过，在右侧斜下方的线圈**3**里从上往下入针。

3 从渡线的上方穿过，在左侧斜下方的线圈**4**里从上往下入针。左、右侧交替重复"从线圈的上方入针，再从渡线的上方穿过"，从上往下刺绣。针脚的间距不必拘泥于线圈的数量，以美观为主进行调整。

◎织补绣（WS=Woven Stitch）

穿线后开始刺绣

1 在2根辫子的线圈里呈U形挑针（参照p.33），拉出2条纵线。再次从线圈**1**的上方入针。

2 将线拉出，在2条纵线里一上一下穿针。

3 将线拉出，往回在2条纵线里一上一下穿针，再将线拉出。

4 重复步骤**2**、**3**，这是完成6行织补绣后的状态。用针将针脚往上压紧，继续刺绣。

◎蛛网绣（Spider Web Stitch）

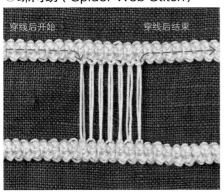

穿线后开始　　　　穿线后结束

1 上侧的线圈呈U形挑针（参照p.33），同一个线圈里穿2次线。下侧的线圈从下往上穿针挂线。一共拉出7组纵线，每组2条线。

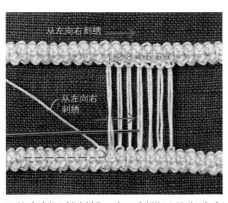

从左向右刺绣

从左向右刺绣

2 从左侧开始刺绣。在下侧辫子的左边入新线，从纵线**1**左边相邻线圈的下方拉出线，再从纵线**1**的下方入针。

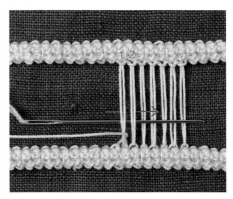

3 将线拉出，接着从纵线**1**、**2**的下方入针。

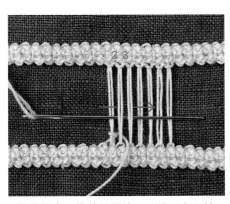

4 将线拉出，接着从纵线**2**、**3**的下方入针，拉出线。剩下的纵线也按半回针缝的要领一边绕线一边向右侧刺绣。

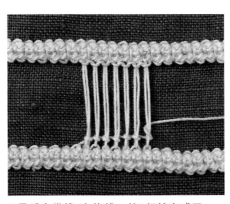

5 最后在纵线**7**上绕线。第1行就完成了。

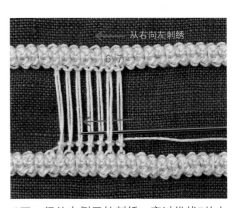

从右向左刺绣

6 下一行从右侧开始刺绣。穿过纵线**7**的上方，从纵线**6**的下方入针。

7 将线拉出，接着从纵线**6**、**5**的下方入针。

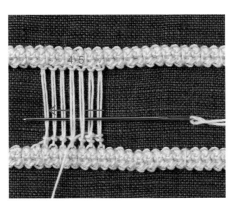

8 将线拉出，接着从纵线**5**、**4**的下方入针，拉出线。剩下的纵线也按半回针缝的要领一边绕线一边向左侧刺绣。

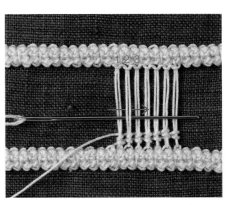

9 第2行完成后的状态。第3行从左侧开始刺绣。从纵线**2**的下方入针后将线拉出，重复步骤**4**~**8**。

各种针法的刺绣方法

花瓣 A

单独看，宛如撑开枝干的一棵树。放射状的线条也像花瓣的脉络。

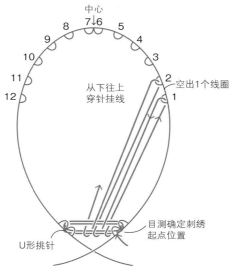

中心

8 7↓6 5

9 4

10 3

11 2 空出1个线圈

12 1

从下往上
穿针挂线

目测确定刺绣
起点位置

U形挑针

1 刺绣起点在右侧下方，从线圈的下方拉出线，在左侧线圈里呈U形挑针，拉出2条横线。在相同线圈里再次呈U形挑针，一共拉出4条横线。

空出1个线圈

2 从刺绣起点的线圈下方拉出线，如上图所示2条横线为1组一上一下穿针，再在线圈1里从下往上穿针挂线，依次拉出纵线。

中心

3 一共拉出12组纵线。

4 最后1组纵线结束后，每6组纵线为1束，从下侧开始做织补绣（WS）。

5 这是下侧的织补绣完成后的状态（长度根据整体效果决定）。将剩下的纵线长度5等分。

12

6 暂时将左侧的纵线**12**分出去，将线拉出。

7 将右侧的纵线1分出去，从5组纵线的下方入针后将线拉出。按相同要领，每5组纵线为1束，从下往上做织补绣至1/5位置。

U形挑针=p.33
扣眼绣（BHS）=p.38
织补绣（WS）=p.38

8 按步骤**6**、**7**相同要领，每隔1/5长度，左右两侧各分出1组纵线，继续做织补绣。

9 这是做织补绣至4/5位置后的状态。从纵线**6**的下方入针后将线拉出。

10 在最后2组纵线**6**、**7**上一圈一圈地绕线。

11 绕线结束后，从线圈**6**的下方入针后将线拉出，再在辫子中穿线，处理好线头。

花瓣左侧

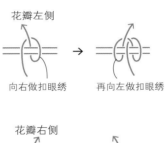

向右做扣眼绣　　再向左做扣眼绣

花瓣右侧

向左做扣眼绣　　再向右做扣眼绣

12 加入新线，从线圈**a**的下方将线拉出，在纵线**12**的中间位置向右做扣眼绣。

13 接着再向左做扣眼绣。用相同方法，在左侧的渡线上按向右、向左的顺序依次做扣眼绣。纵线**8**上的扣眼绣完成后，从线圈**7**的下方入针，再在辫子中穿线，处理好线头。

14 从右侧线圈**b**的下方将线拉出，在纵线**1**的中间位置先向左做扣眼绣。

15 接着再向右做扣眼绣。这样就完成了左右对称的扣眼绣。

U形挑针=p.33
织补绣（WS）=p.38

花瓣 B　外形似一棵树。制作要点是留出周围的空间。

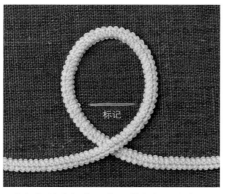

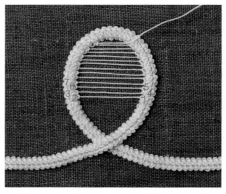

1 在框架的中间偏下位置做上标记（也可以用气消笔画出），从此处开始拉出横线。

2 刺绣起点从线圈1的下方将线拉出，在线圈2、3里呈U形挑针，依次拉出横线。

3 从上侧中心线圈的下方将线拉出，在每条横线里一上一下交替挑针，将线穿至最下面的横线。

4 将线拉出，在下侧中心的线圈里呈U形挑针。在步骤3的纵线左侧一上一下挑针，注意与旁边的纵线相互错开。将线穿至上侧的横线后拉出，按相同要领再往回穿线至下侧的横线。

5 在纵线里一上一下穿针移至右侧，再与相邻纵线错开，在横线里挑针，按步骤4相同要领继续刺绣。

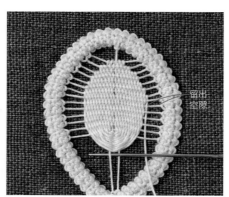

6 左、右侧交替在横线里穿线，根据辫子的弧度逐渐分出上侧的横线往回刺绣。

7 绣出椭圆形。刺绣部分与辫子之间留出少许空隙，作品会更加美观。

8 在下方留出的2条纵线上做织补绣。刺绣结束后，从下侧线圈的下方入针，再在辫子中穿线，处理好线头。

U形挑针=p.33
扣眼绣（BHS）=p.38
织补绣（WS）=p.38

花瓣 C　在3处绣出三角形，然后在根部汇成一束。

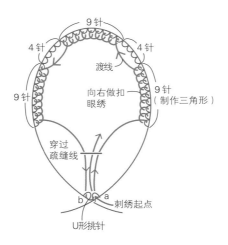

9针
4针　　　　4针
渡线
向右做扣
眼绣
9针
9针
（制作三角形）
穿过
疏缝线
b　a　刺绣起点
U形挑针

疏缝线
b.a

1 先在束状根部位置用疏缝线固定，并将制作三角形的范围做上标记（也可以用气消笔画出）。

b.a

2 第1行。刺绣起点从线圈 **a** 的下方将线拉出，穿过疏缝线，在右侧的9个线圈里向右做扣眼绣。

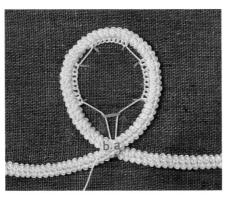

b.a

3 参照上图继续刺绣，第1行绣完1圈后，在线圈 **b**、**a** 里呈U形挑针。

4 第2行。在扣眼绣形成的网眼里挑针做扣眼绣，一边在前一行的基础上减少针数，一边绣完1圈（参照左下图）。

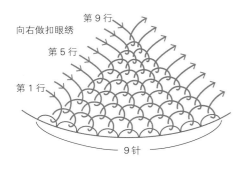

向右做扣眼绣
第9行
第5行
第1行
9针

5 这是正在做第7行扣眼绣的状态。

6 第9行的扣眼绣完成后，在下侧中心呈U形挑针。接着将下侧的线束分成左右两部分，做织补绣至疏缝线位置。刺绣结束后，在织补绣的针脚中穿线回到下侧的线圈。

花瓣 D
网眼绣的一种。在每个网眼里加入2针扣眼绣制作而成。

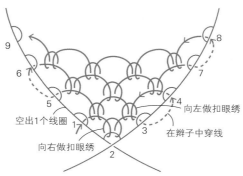

9 6 5 8 7 4 3 2 1
空出1个线圈　向左做扣眼绣　在辫子中穿线
向右做扣眼绣

1 刺绣起点从线圈**1**的下方将线拉出，接着在线圈**2**里挑针，向右做2针扣眼绣。

2 从线圈**3**的下方入针。

3 将线拉出。在辫子中穿线至线圈**4**的位置。

4 将线拉出，再从线圈**4**的下方将线拉出。

5 在前一行的渡线里挑针，向左做2针扣眼绣（参照上图）。

6 从左往右刺绣时，向右做扣眼绣；从右往左刺绣时，向左做扣眼绣，按此要领重复操作。

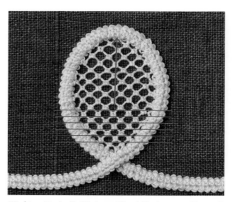

要点：注意花样水平排列整齐，一排一排往上刺绣，适当调整拉线的松紧度。

U形挑针=p.33
织补绣（WS）=p.38
锯齿绣=p.38

花瓣 E
细长的三角形就像街道两旁的树木，极具存在感。

1 在上侧的7个线圈处做上标记。刺绣起点从中间位置的右侧线圈**1**的下方将线拉出，在线圈**2**、**3**里呈U形挑针，然后从上往下依次拉出横线。

2 加入新线，刺绣起点从线圈**13**的下方将线拉出，在横线里一上一下穿针。

3 将线拉出，按锯齿绣相同要领，从标记所在线圈的上方入针，然后从纵线的上方穿过。

4 将线拉出，与右边纵线的穿法相互错开，在横线里一上一下穿出纵线。

5 从线圈**16**的下方入针。

6 将线拉出，参考图示从线圈**17**里入针呈U形挑针，再在横线里一上一下穿出纵线。

7 重复步骤**3～6**，一共在7处穿好纵线。

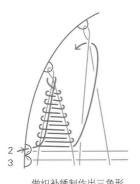

做织补绣制作出三角形

8 新的刺绣起点（三角形部分）从线圈**2**的下方将线拉出，在2条纵线交叉位置从右往左一起挑针。

9 从左边在1条纵线（参照右图）的下方入针，将线拉出后开始做织补绣。

10 做织补绣时，先紧后松，逐渐绣出三角形。
重复步骤**8～10**。

花瓣 F   宛如蝴蝶的翅膀，设计富有灵动感。

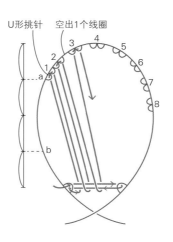

1 a位置做上标记。刺绣起点从下面左侧线圈的下方将线拉出，在右侧线圈里从下往上出针，再回到刺绣起点的线圈。接着从2条横线的下方入针。

2 在a位置的线圈以及线圈1里呈U形挑针，再往回从2条横线的下方入针，拉出纵线。

3 不要空出线圈，拉出纵线2。从纵线3开始，每次空出1个线圈渡线。

4 一共拉出8组纵线。

5 用步骤4结束时的线从纵线1的下方入针。

6 将线拉出，从剩下7组纵线的下方入针，开始做织补绣。

7 做织补绣至上面图中的b位置后，将纵线8分出去。将此处至a位置的部分6等分，每隔1/6距离分出1组纵线。

U形挑针=p.33
扣眼绣（BHS）=p.38
织补绣（WS）=p.38

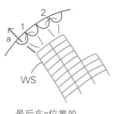

最后在a位置的
线圈里入针。

8 这是将纵线**7**分出去的状态。用相同方法，每次分出1组纵线做织补绣至**a**位置。

9 织补绣结束后，从**a**位置的线圈下方入针。

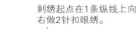

刺绣起点在1条纵线上向右做2针扣眼绣。

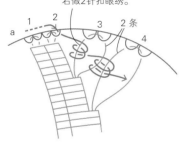

10 加入新线，从纵线**2**的右下方将线拉出。在纵线**3**的左侧1条线上向右做2针扣眼绣。

11 接下来，依序在每2条纵线上向右做2针扣眼绣。

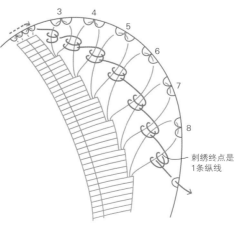

刺绣终点是1条纵线

12 在最后1条纵线上向右做2针扣眼绣。

13 这是扣眼绣完成后的状态。刺绣终点从线圈的下方入针后将线拉出，在辫子中穿线，处理好线头。

花瓣 G（鱼鳞绣） 层层重叠的半圆形好像鱼鳞一样，所以称之为"鱼鳞绣"。

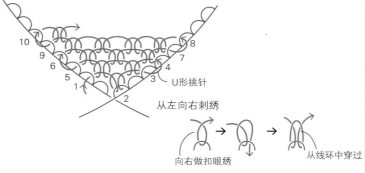

1 刺绣起点从线圈1的下方将线拉出，在中心的线圈里挑针，向右做扣眼绣。

2 将线拉出，接着从后往前在同一个线圈里入针。

3 慢慢将线拉出，再在线环中入针后拉出。

4 拉动线调整针脚，然后在线圈3、4里呈U形挑针。

5 在2与3之间的渡线上挑针，向左做扣眼绣。

6 从后往前在同一条渡线上入针。

7 慢慢将线拉出，再在线环中入针后拉出，拉动线调整针脚。

8 从右向左刺绣，然后在线圈5、6里呈U形挑针，接着从左向右刺绣。

9 重复步骤1~8继续刺绣。图中是鱼鳞绣完成一半左右的状态。

花瓣 H（包芯羊角绣） 呈三角形的螺旋状，所以称之为"羊角绣"。

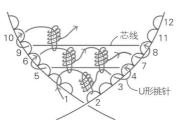

芯线

U形挑针

向右做稍长
的扣眼绣

在扣眼绣上
再做扣眼绣

第1针

向右做4针
扣眼绣

1 刺绣起点从线圈**1**的下方将线拉出，在线圈**2**里挑针，向右做稍长的扣眼绣。

2 在扣眼绣的2根线里一起挑针，向右做扣眼绣。

3 接着向右做3针扣眼绣。

4 在线圈**3**、**4**里呈U形挑针，使第1行的高度与线圈**1**持平。

5 将线拉出，接着在线圈**5**、**6**里呈U形挑针，拉出横线。

6 如图所示在2条渡线上挑针，向右做稍长的扣眼绣，再在扣眼绣基础上向右做4针扣眼绣（参照上面的图示）。

7 按步骤**6**相同要领做稍长的扣眼绣，接着向右做4针扣眼绣。

8 在线圈**7**、**8**里呈U形挑针。

9 在线圈**9**、**10**里呈U形挑针，拉出横线。在2条渡线上挑针做稍长的扣眼绣，再向右做4针扣眼绣。

10 重复步骤**7~9**。这样就完成了以横线为芯线、类似羊角形状的针法。

花瓣 I　与花瓣D类似，不过是每隔1行加入花样。

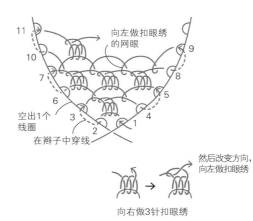

向左做扣眼绣的网眼

空出1个线圈

在辫子中穿线

然后改变方向，向左做扣眼绣

向右做3针扣眼绣

1 刺绣起点从线圈1的下方将将线拉出，从线圈2的下方入针，在辫子中穿线，再从线圈3的下方将线拉出。

2 从前一行渡线的下方挑针。

3 向右做3针扣眼绣。接着改变方向，从下方挑起渡线。

4 向左做扣眼绣后拉紧。从线圈4的下方入针后将线拉出。

5 在辫子中穿线，再从线圈5的下方将线拉出，从前一行渡线的下方挑针。

6 向左做扣眼绣的网眼，然后从线圈6的下方入针，将线拉出。

7 在辫子中穿线，再从线圈7的下方将线拉出。按步骤2~4相同要领从左向右刺绣。

8 按步骤5、6相同要领向左做扣眼绣的网眼。

9 重复步骤7、8，从下往上继续刺绣。

花瓣 J　网眼绣的一种。因为有2条渡线，所以比较厚实。

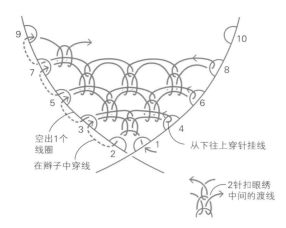

9　　　　　　　　　　10

7　　　　　　　　　　8

5　　　　　　　　　6

空出1个
线圈
在辫子中穿线

3

2　　1　　从下往上穿针挂线

4

2针扣眼绣
中间的渡线

1 刺绣起点从线圈**1**的下方将线拉出，从线圈**2**的下方入针，然后在辫子中穿线，再从线圈**3**的下方将线拉出。

2 从渡线的下方挑针。

3 向右做2针扣眼绣，从线圈**4**的下方入针，将线拉出。

4 在前一行2针扣眼绣的中间挑针。

5 向左做1针扣眼绣，再从线圈**3**的下方入针，将线拉出。

6 在辫子中穿线，从线圈**5**的下方将线拉出。从2条渡线的下方一起挑针。

7 向右依次做2针扣眼绣，然后从线圈**6**的下方入针，将线拉出。

8 按相同要领，重复步骤4～7继续刺绣。

9 这是绣至一半左右的状态。

心形 A　心形也经常当成花瓣。针法圆润立体，比较厚实。

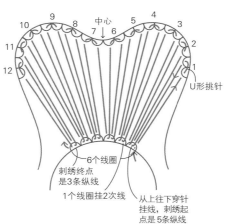

1 在中心以及左右两侧的位置做上标记。刺绣起点从圆形辫子的线圈下方将线拉出，在上侧右边标记位置的线圈里呈U形挑针，拉出纵线1。

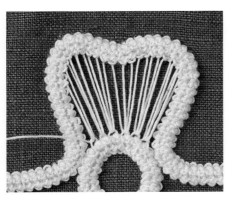

2 在刺绣起点的线圈里从上往下穿针挂线。如图所示，在下侧线圈里各挂2次线，一共拉出12组纵线。

3 用拉完纵线的线接着在左半部分的6组纵线上做蛛网绣。刺绣起点从纵线**12**的下方入针，将线拉出。

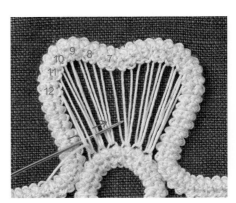

4 接着从纵线**12**、**11**的下方入针，将线拉出。剩下的纵线也按半回针缝的要领继续刺绣。

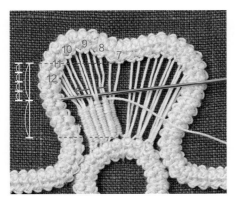

5 一边刺绣一边向下压紧线、调整针脚，做蛛网绣至中间位置。将剩下的部分4等分，从纵线**7**开始依次分出去1组。

6 最后在纵线**11**、**12**上按相同要领做蛛网绣，从**12**的线圈下方入针，再在辫子中穿线，处理好线头。

7 从圆形辫子的线圈下方将线拉出后开始刺绣右侧，与左侧呈对称状做蛛网绣。

心形 B 用于填充整个空间，适合任何形状。

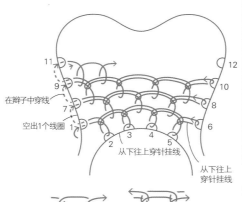

11 9 7 1
在辫子中穿线
空出1个线圈
从下往上穿针挂线
2 3 4 5
12 10 8 6
从下往上穿针挂线

从左向右做扣眼绣 → 在前一行的扣眼绣里挑针，向左做扣眼绣

1 刺绣起点从线圈1的下方将线拉出，从圆形辫子的线圈2里入针，向右做扣眼绣。

2 做扣眼绣至线圈5，接着在线圈6里从下往上穿针挂线。

注："从下往上"是在垂直空间里从线圈的下面穿针，再拉到线圈垂直的上方。

3 在前一行的扣眼绣里入针，向左做扣眼绣。

4 向左侧刺绣，从刺绣起点的线圈1的下方入针。

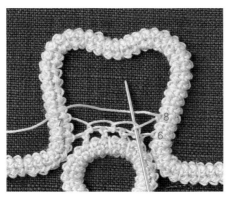

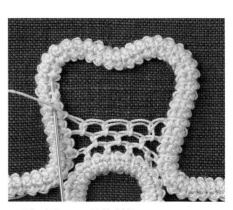

5 将线拉出，接着在辫子中穿线，从线圈7的下方将线拉出。从2条渡线的下方挑针，向右做扣眼绣。

6 在线圈8里从下往上穿针挂线，接着在前一行的扣眼绣里入针，向左做扣眼绣。向左侧刺绣，从线圈7的下方入针，将线拉出。

7 重复步骤5、6继续刺绣。

圆形 A 这种针法叫作"风车绣"。

1 将圆周8等分，做上标记。刺绣起点从线圈**1**的下方将线拉出，在线圈**2**上挂线。接着从线圈**1**的下方入针后拉出，在辫子中穿线至线圈**3**的位置。

2 按相同要领，在线圈**3**、**4**里渡线，再在线圈**5**、**6**里渡线。

3 最后在线圈**7**、**8**里渡线。图中是从线圈**8**的上方将线拉出后的状态。

4 接下来做中心部分的刺绣。从左上角3组渡线（**2**、**4**、**6**）的后面挑针。

5 将线拉出，从渡线**1**、**2**的下方入针，在渡线**1**上绕1次线，接着按半回针缝的要领做蛛网绣。

6 做完1圈蛛网绣后的状态。接着再做6或7圈的蛛网绣。

7 蛛网绣完成后的状态。在渡线**3**上绕1次线。

8 从中心向外挑起蛛网绣的6条渡线。

9 将线拉出，再在渡线**3**上挑针挂线。

10 接下来，每次从中心分出1条渡线，从中心向外挑起外侧的渡线。

11 挑起蛛网绣最后一圈的1条渡线。

12 将线拉出，在渡线**5**上挑针。

13 将线拉出，再在渡线**5**上绕1次线。重复步骤**7~12**。

14 绣完1圈后的状态。朝中心方向在针脚中穿针。

15 将线拉出，接着朝渡线**7**的方向在针脚中穿针，将线拉出。刺绣结束后，从线圈**7**的下方入针，回到辫子上。

圆形 C　这是圆形A"风车绣"的应用变化。

┃蛛网绣=p.39

1 将圆周8等分，做上标记（也可以用气消笔画出）。

2 参照圆形A的步骤**1~6**，做6或7圈的蛛网绣。在渡线**1**上绕1次线。

3 从中心向外挑起蛛网绣的外侧2条渡线。

4 将线拉出，再在渡线**1**上挑针挂线。

5 重复步骤**3**、**4**。根据空间大小确定刺绣针数。

6 重复步骤**2~5**绣完1圈。刺绣终点按圆形A的步骤**14**、**15**相同要领，将线穿回到线圈**7**上。

圆形 D　可爱的针法宛如玫瑰花环。

1 在中心圆环以及圆周8等分处做上标记（也可以用气消笔画出）。

2 刺绣起点从线圈1的下方将线拉出，以中心的圆环标记为准，松松地向右做扣眼绣。

3 做完1圈扣眼绣后，再在刺绣起点的线圈1里做扣眼绣。

4 在前一圈的扣眼绣里一上一下穿线。

5 将步骤4中穿好的线拉紧，大小与中心的圆环的标记一致。

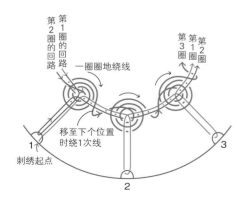

6 接着在线圈1、2之间的2条渡线下方入针。

7 一上一下挑针绕3圈线。

56

8 移至下个位置时，在2条渡线上挑针绕1次线。

9 在线圈**2**的扣眼绣下方入针，一上一下挑针绕3圈线。

10 第2个花样完成。在2条渡线上挑针绕1次线。

11 在线圈**3**、**4**之间的渡线下方入针，接着在**3**的扣眼绣里一上一下挑针绕3圈线。
重复步骤**8~11**绣线圈**4~8**。刺绣结束后，在针脚中穿线回到线圈上。

圆形 B　三角形花样连成环状，中心镂空。

扣眼绣（BHS）=p.38

1 将圆周8等分，做上标记（也可以用气消笔画出）。

2 第1圈。刺绣起点从线圈**1**的下方将线拉出，在线圈**2**里向右做扣眼绣，逆时针方向接着刺绣。

3 绣完1圈后回到线圈**1**，从上方入针，向右做扣眼绣。

4 第2圈。在线圈**2**以及渡线（共2条线）里挑针，向右做扣眼绣。

5 按步骤**4**相同要领，在线圈**3~8**里做1圈扣眼绣。第3圈，在线圈**1**右边的2条渡线上挑针，向右做扣眼绣。

6 第3圈。在线圈**2**的右侧挑针向右做扣眼绣。按相同要领继续做第3圈的刺绣。

7 第4圈。这是在线圈**2**右侧的3条渡线上挑针向右做扣眼绣。按相同要领做8或9圈的扣眼绣。刺绣结束后，在针脚中穿线回到线圈上。

叶子A 这是用在叶子上的最基础针法。在罗马尼亚蕾丝中也很常见。

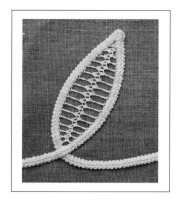

1 刺绣起点从线圈**1**的下方将线拉出，再从线圈**2**的上方入针，做锯齿绣挂线。

2 右侧在线圈**1**的下方空出1个线圈，在线圈**3**里做锯齿绣。

3 每次空出1个线圈，从上往下做锯齿绣。

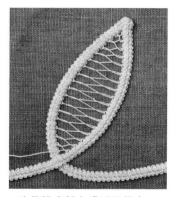

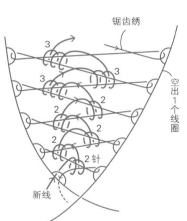

4 这是锯齿绣完成后的状态。

5 加入新线，从步骤4锯齿绣终点的线圈下方将线拉出，在右侧渡线交叉位置向右做2针扣眼绣。

6 接着在左侧渡线交叉位置向左做2针扣眼绣。

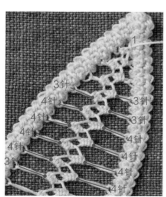

7 这是向右和向左的扣眼绣完成后的状态。

8 根据叶子的宽度，适当加减扣眼绣的针数。从这里开始做3针扣眼绣。

9 向右做3针扣眼绣，接着一边加减扣眼绣的针数，一边向上继续刺绣。

10 这是扣眼绣完成后的状态。刺绣结束后，将线穿回至锯齿绣起点的线圈1上。

叶子 B（珍珠绣） 中间一连串的圆形花样就像珍珠，所以称之为"珍珠绣"。

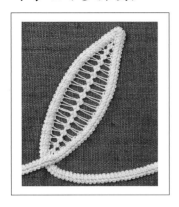

1 刺绣起点从线圈1的下方将线拉出，在线圈2、3里呈U形挑针，再从线圈4的下方入针，拉出2条纵线。

2 从右侧线圈的下方将线拉出，穿过纵线的上方，左、右侧交替在线圈里呈U形挑针，依次拉出横线。横线的根数为偶数。

3 从线圈1的下方将线拉出，从右边在纵线下方入针，在纵线上绕1次线。

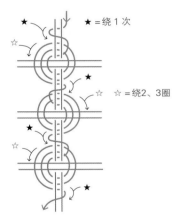

★=绕1次

☆=绕2、3圈

4 从左侧2条横线的上方穿过，在2条纵线的下方入针，一上一下逆时针绕2或3圈线。

5 第1个珍珠绣就完成了。从左边在2条纵线的下方入针。

6 在纵线上绕1次线，再次从左边在纵线的下方入针。

7 将线拉出，从右侧2条横线的上方穿过。

8 在2条纵线的下方入针，这次是一上一下顺时针绕2或3圈线。

9 第2个珍珠绣就完成了。接着在2条纵线上绕1次线，重复步骤4~8。

10 这是4个珍珠绣完成后的状态。从上往下刺绣，结束时将线穿回到线圈上。

叶子C 中间加入了半圆形花样，设计饱满有型。

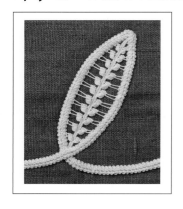

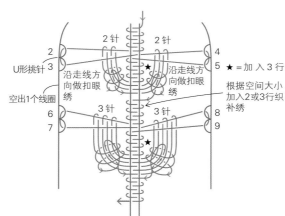

图中标注：
- 2针　2针
- 2针　4针
- U形挑针　3　　　　5　　★＝加入3行
- 沿走线方向做扣眼绣　沿走线方向做扣眼绣
- 空出1个线圈　　根据空间大小加入2或3行织补绣
- 6 7　3针　3针　8 9
- ★

1 参照叶子B的步骤**1**，在线圈里呈U形挑针，拉出2条纵线。从线圈**1**的下方将线拉出，在纵线上做7或8行织补绣。接着从线圈**2**的下方入针。

2 将线拉出，再从线圈**3**的上方入针呈U形挑针，在纵线里一上一下穿针。

3 在线圈**4**、**5**里呈U形挑针，然后在纵线上做3行织补绣。

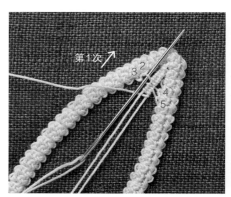

4 接下来做半圆形花样的第1次穿线。在左侧横线里一上一下入针。

5 将线拉出，往回在横线里一上一下入针。

6 将线拉出，然后在纵线里一上一下入针后拉出。

7 在右侧横线里一上一下入针。

U形挑针=p.33
扣眼绣（BHS）=p.38
织补绣（WS）=p.38

8 将线拉出，往回在横线以及纵线里一上一下穿针。

9 第2次穿线。在左侧横线里一上一下入针。

10 将线拉出，往回在横线里一上一下入针。

11 将线拉出，在3条渡线上挑针，沿走线方向做2针扣眼绣。

12 在步骤11的2针扣眼绣里挑取上方的2根线，沿走线方向做扣眼绣。接着向右侧继续刺绣。

13 右侧也按步骤**11**、**12**相同要领做扣眼绣。图中是在扣眼绣里挑取上方2根线时的状态。

14 接下来，在纵线上做3行织补绣。按步骤**2**、**3**相同要领，在线圈**6**、**7**和线圈**8**、**9**里呈U形挑针，拉出横线。然后在纵线上做3行织补绣。

15 重复步骤**4~14**。第2个花样在左右两侧各绣3针。

要点： 根据叶子的宽度，适当加减刺绣针数。

U形挑针=p.33
扣眼绣（BHS）=p.38
织补绣（WS）=p.38

叶子D
中间的花样形状与叶子C类似，不过是在每个线圈里拉出2条渡线，这种针法更加结实。

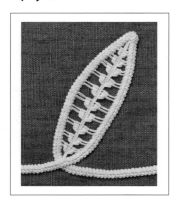

1 在线圈里呈U形挑针（参照叶子B），拉出2条渡线。接着在纵线上做7或8行织补绣。分别在线圈2、3里从下往上穿针挂线，并在纵线里一上一下穿针拉出横线。

2 在纵线上做2行织补绣，从线圈4的下方入针。

3 将线拉出，在纵线里一上一下穿针，再在线圈5里从下往上穿针挂线，拉出横线。接着在纵线里一上一下入针，将线拉出。

4 做2行织补绣。

5 接下来做花样部分的第1次穿线。左侧2条横线为一组，一上一下入针。

6 将线拉出，再往回一上一下入针。

7 将线拉出，接着在纵线里一上一下穿针。右侧也是2条横线为一组，一上一下穿针，然后往回一上一下穿针，再在纵线里一上一下入针，将线拉出。

8 第2次穿线。按步骤5、6相同要领穿线，从下方挑取3条渡线。

9 沿走线方向做2针扣眼绣。

10 在纵线里一上一下穿针移至右侧。2条横线为一组，一上一下穿针，然后往回一上一下穿针，在3条渡线上挑针。

11 沿走线方向做2针扣眼绣，接着做2行织补绣。在两侧线圈里挑针，拉出横线。重复步骤5~11，根据空间大小确定横线上的穿线次数以及织补绣的行数。

U形挑针=p.33
织补绣（WS）=p.38

叶子E　U形叶脉层层重叠。

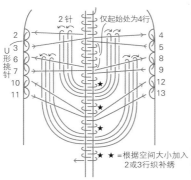

2针　仅起始处为4行

U形挑针

★＝根据空间大小加入2或3行织补绣

1 在线圈里呈U形挑针（参照叶子B），拉出2条纵线。从线圈1的下方将线拉出，在纵线上做织补绣至方便做花样刺绣的位置。接着从线圈2的下方入针。

2 将线拉出。在线圈2、3里呈U形挑针，接着在纵线里一上一下穿针，在线圈4、5里呈U形挑针，再在纵线上做4行织补绣。

3 在线圈6、7和线圈8、9里呈U形挑针，再做2行织补绣。

4 接下来做花样的第1次穿线。在左侧的4条横线（7、6、3、2）里一上一下入针。

5 将线拉出，往回在4条横线里一上一下入针。

6 将线拉出，在纵线里一上一下穿针，接着在右侧的4条横线里一上一下穿针。按步骤5相同要领往回穿针，再在纵线里一上一下穿针。

7 重复步骤4~6，第2次穿线完成后的状态。第1个U形花样就完成了。接着做2行织补绣。

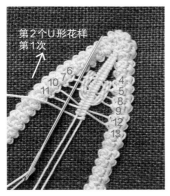

8 接下来做第2个U形花样的第1次穿线。在线圈10、11和线圈12、13里呈U形挑针，然后做2行织补绣。在4条横线（11、10、7、6）里一上一下入针。

9 将线拉出，再往回一上一下穿针。参照上面的图示来绣2针。

10 第2个U形花样完成。重复步骤8、9，从上往下继续刺绣。

叶子F 这是一种借用定位针的特殊技法。这是一位朋友的创意，设计富有灵动感。

1 拉出2条纵线（参照叶子B）。从线圈**1**的下方将线拉出，根据空间大小在纵线上做7或8行织补绣。接着在线圈**2**里从下往上穿针挂线，在纵线里一上一下穿针。

2 从线圈**3**的下方入针，将线拉出，再在纵线里一上一下穿针。按相同要领，在线圈**2**、**3**里再各挂2次线（总共各挂了3次线）。

3 做3~5行织补绣。空出1个线圈，在线圈**4**、**5**里挂线。

4 重复步骤**2**、**3**，从上往下继续刺绣。

5 接下来的刺绣起点从左下侧的线圈下方将线拉出。在横线的中间插入定位针，使上层的横线位于上方，下层的横线位于下方，这样更方便刺绣。

6 从下层3条横线的下方入针，将线拉出。

7 取下定位针，接着在上层3条横线里挑针，向左做扣眼绣。按相同要领从下往上继续刺绣。

8 图中完成了5个上层横线里的扣眼绣。按步骤**5**相同要领，在上、下层横线之间插入定位针，从下层3条横线的下方入针，将线拉出。

9 取下定位针，接着在上层3条横线里挑针，向左做扣眼绣。

10 重复步骤**8**、**9**，继续刺绣至上侧。结束时将线穿回到线圈**1**左边的线圈上。

11 右侧按左侧相同要领刺绣，但改成向右做扣眼绣。

叶子 G
仿佛是从上方吊起一束束线圈的效果。要领是绣得稍微松一点。

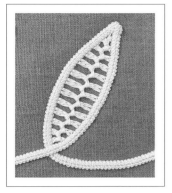

1 刺绣起点从线圈**1**的下方将线拉出，在线圈**2**里挂线做锯齿绣，接着在线圈**1**里挂线。

2 再次在线圈**2**里挂线，然后从线圈**3**里入针。

3 在线圈**4**里挂线。每个线圈里做2针锯齿绣。挑起全部渡线。

4 向左做扣眼绣。空出1个线圈，从线圈**5**里入针，从渡线的上方将线拉出。

5 用步骤**4**相同方法，在线圈**5**里挂线，再挑起全部渡线。

6 用步骤**4**相同方法，在线圈**5**里挂线，再挑起全部渡线。

7 在线圈**6**里挂线。与步骤**5**、**6**一样，挑起全部渡线做锯齿绣。

8 再次在线圈**6**里挂线，挑起步骤**5~7**绣出的全部渡线。

9 向右做扣眼绣。按相同要领在线圈**7**、**8**里挂线，挑起全部渡线分别做2次锯齿绣。

10 图中是在线圈**8**里挂线后向左做扣眼绣的状态。参照上面的图示，从下往上继续刺绣。

U形挑针=p.33
扣眼绣（BHS）=p.38
织补绣（WS）=p.38

叶子 H 针法饱满，透着力量感。

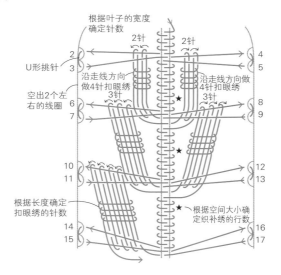

根据叶子的宽度
确定针数

2针　　2针

U形挑针

沿走线方向
做4针扣眼绣

空出2个
左右的线圈

沿走线方向做
4针扣眼绣

根据长度确定
扣眼绣的针数

根据空间大小确
定织补绣的行数

1 从线圈里呈U形挑针，拉出2条
纵线（参照叶子B）。从线圈1的
上方入针。

2 从下方将线拉出，在纵线上
做几行织补绣。刺绣起点根据
空间大小确定织补绣的行数。
接着从线圈2的下方入针。

3 从上方将线拉出，在线圈2、
3里呈U形挑针，然后在纵线里
一上一下穿针，在线圈4、5里
呈U形挑针，拉出横线。

4 接着做织补绣。根据空间大
小确定织补绣的行数。空出2个
线圈，从线圈6的下方入针。

5 从上方将线拉出，按步骤3相
同要领在线圈6、7和线圈8、9
里呈U形挑针，拉出横线。再
在纵线里一上一下入针，将线
拉出。

6 接下来做花样部分的第1次穿
线。在左侧的4条横线里一上一
下入针。

7 将线拉出，往回在4条横线里
一上一下入针，将线拉出。

8 第2次穿线。在4条横线里一
上一下入针，将线拉出。往回
在上侧的2条横线里一上一下入
针。

9 将线拉出。接着挑起3条渡线。

66

 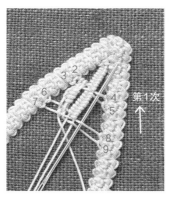  

10 沿走线方向做4针扣眼绣（根据渡线的长度确定扣眼绣的针数），接着在2条横线里一上一下入针，将线拉出。

11 在纵线里一上一下穿针移至右侧，按步骤**6~8**相同要领刺绣。

12 第2次往回穿线时，挑起3条渡线，沿走线方向做4针扣眼绣，再在2条横线里一上一下穿针。

13 第1个U形花样在左右两侧各加入了2针。

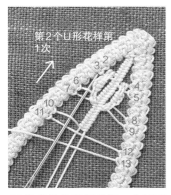 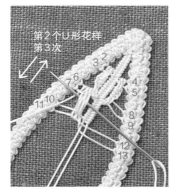 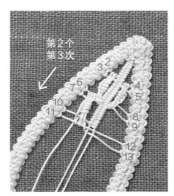 

14 接着做几行织补绣。在线圈10、11和线圈12、13里呈U形挑针，拉出横线。按步骤**6、7**相同要领刺绣，加入3针。

15 第3次往回穿线时，挑起5条渡线。

16 沿走线方向做4针扣眼绣，再在横线里一上一下穿针。右侧也按相同要领刺绣。
重复步骤**14~16**继续刺绣。

要点： 根据叶子的宽度，适当加减刺绣针数。

叶子K 针法极富立体感。

空出2个线圈

a = 向左做3针扣眼绣
b = 向左做2针扣眼绣
c = 在线圈4里挂线，
　　向左做3针扣眼绣
d = 向右做3针扣眼绣
e = 向右做2针扣眼绣
f = 在线圈6里挂线，
　　向右做3针扣眼绣

重复a~f

| 扣眼绣（BHS）=p.38
| 锯齿绣=p.38

1 刺绣起点从线圈1的下方将线拉出，从线圈2里入针。

2 将线拉出，再从线圈1里入针，做锯齿绣挂线。

3 将线拉出，从渡线的下方入针，向左做3针扣眼绣（p.67示意图中的 **a**）。

4 在线圈3以及渡线里挑针，向左做2针扣眼绣（p.67示意图中的 **b**）。

5 右侧空出2个线圈，从线圈4里入针。

6 挂线，从步骤**3**、**4**中扣眼绣左边的渡线下方入针，向左做3针扣眼绣（示意图中的 **c**）。

7 从线圈4的渡线下方入针，向右做3针扣眼绣（示意图中的 **d**）。

8 在线圈5以及渡线里挑针，向右做2针扣眼绣（示意图中的 **e**）。

9 空出2个线圈，在线圈6里挂线。

10 在步骤**7**、**8**中扣眼绣右边的渡线上挑针，向右做3针扣眼绣（示意图中的 **f**）。

11 从线圈6的2条渡线下方入针，向左做3针扣眼绣（示意图中的 **a'**）。

12 从线圈2和6的4条渡线下方挑针，向左做2针扣眼绣（示意图中的 **b'**）。

13 空出2个线圈，从线圈7里入针。

14 参照p.67的图示，从下往上继续刺绣。

锯齿绣=p.38
织补绣（WS）=p.38

叶子 I　这款设计的中心仿佛一块块斜向堆积的正方形。

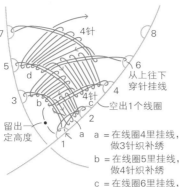

图中标注：
7　4针　8
5　6　从上往下穿针挂线
d　4
3　b　c　4针
留出一定高度　a　空出1个线圈
1　2

a = 在线圈4里挂线，做3针织补绣
b = 在线圈5里挂线，做4针织补绣
c = 在线圈6里挂线，做4针织补绣
d = 在线圈7里挂线，做4针织补绣

1 从线圈1的下方将线拉出，在线圈2里做锯齿绣挂线。接着在线圈1、3里挂线，再在线圈2的渡线里挑针。

2 将线拉出，在线圈3的渡线上绕一下，接着在线圈4里挂线。

3 将线拉出，在线圈3的渡线上绕一下，接着在线圈4里挂线。

4 将线拉出，在右侧的2组渡线里一上一下入针，将线拉出。往回在渡线里一上一下穿针。

5 做3针织补绣（示意图中的 **a**）。接着在线圈5里挂线。

6 将线拉出，从线圈4的渡线下方挑针。

7 将线拉出，在左侧的2组渡线里一上一下入针，做4针织补绣（示意图中的 **b**）。

8 接着在线圈6里挂线。

9 参照上面的图示，重复步骤3~8，从下往上继续刺绣。

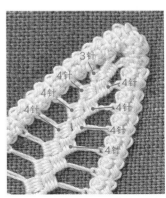

10 完成。刺绣终点做织补绣回到上侧的线圈。

U形挑针=p.33
扣眼绣（BHS)=p.38

叶子J
这是细腻的镂空花样设计，也经常出现在罗马尼亚蕾丝作品中。

左侧
②每次向上错开1条横线挑针，向右做4针扣眼绣

右侧
②每次向上错开1条横线挑针，向左做4针扣眼绣

4条

4条

连同这条渡线一起挑针

横线
4条

①第1针向左做扣眼绣

中心叶尖

刺绣起点在3条横线里挑针

①第1针向右做扣眼绣

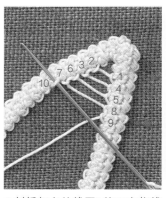

1 刺绣起点从线圈1的下方将线拉出，在线圈里呈U形挑针，从上往下依次拉出横线。

2 将图案底布上下翻转，从叶尖的右侧重新开始刺绣。从线圈2下面1个线圈的下方将线拉出，再从3条横线的下方入针，将线拉出。

3 在4条横线里挑针，向右做扣眼绣。

4 改变刺绣方向。向上错开1条横线，在4条横线以及渡线里挑针，向左做扣眼绣。

5 依次向上错开1条横线挑针，一共绣4针。1个花样就完成了。

6 在旁边的4条横线里挑针，向右做扣眼绣。

7 改变刺绣方向。向上错开1条横线，在4条横线以及渡线里挑针，按步骤5相同要领一共做4针扣眼绣。

8 第2个花样完成。参照上面的图示，重复步骤6、7继续刺绣。

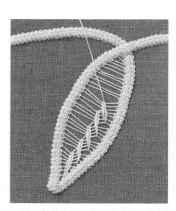

9 第5个花样完成。左侧与右侧对称做刺绣。

叶子 L 这个花样宛如一排排的双叶。

1 在线圈里呈U形挑针（参照叶子B），拉出2条纵线。从线圈1的下方将线拉出，根据空间大小做织补绣至线圈2的旁边。接着在纵线里一上一下穿针。

2 在线圈2、3里呈U形挑针，接着在纵线里一上一下穿针，再在线圈4、5里呈U形挑针，在左右两边拉出横线。此处比较狭窄，所以不做花样的刺绣。

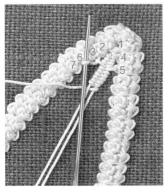

3 根据空间大小做织补绣，然后在左侧斜上方的线圈6、7里呈U形挑针。

4 在纵线里一上一下穿针，接着在右侧斜上方的线圈8、9里呈U形挑针，再在纵线里一上一下穿针。

5 在左侧的渡线里一上一下入针做织补绣。

6 3针织补绣完成。根据叶子的宽度确定织补绣的针数。

7 在织补绣的左侧挑起2条渡线，沿走线方向朝下做扣眼绣，将线拉得紧一点。

8 在纵线里一上一下穿针，接着在右侧的渡线上做3针织补绣。

9 在织补绣的右侧挑起2条渡线，沿走线方向朝下做扣眼绣，将线拉得紧一点。

10 参照上面的图示，重复步骤3~9，从上往下继续刺绣。

p.14 枕套Ⅰ中的花瓣（p.40 的应用变化）

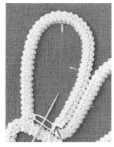

1 在上侧中心以及纵向1/2位置做上标记（也可以用气消笔画出）。在下侧线圈里呈U形挑针，拉出横线。在2条横线上一起挑针。

2 将线拉出，在标记位置的线圈里呈U形挑针，一共拉出10组纵线。

3 图中是拉出7组纵线后的状态。再拉出3组纵线，参照p.40、p.41做中心部分的织补绣。

p.14 枕套Ⅱ中花瓣 B 的中心

1 在5处做上标记（也可以用气消笔画出）。刺绣起点从线圈1里入针。

2 从线圈的下方将线拉出，接着从线圈2里入针，松松地向右做扣眼绣。

3 依次在线圈3~5里入针，向右做扣眼绣。

4 在线圈1里入针做扣眼绣，接着在线圈2的扣眼绣渡线下方入针，开始一上一下穿线。

5 穿好1圈线后，依次在线圈2的扣眼绣上方、线圈3的扣眼绣下方入针。

6 将线拉出，收紧中心的渡线。继续一上一下穿针，绕5圈左右的线。

7 从中心向外入针，挑起全部渡线，沿走线方向做2针扣眼绣。

8 接着在2针扣眼绣的上面2根线里挑针，沿走线方向做扣眼绣。

9 重复步骤**7**、**8**继续刺绣。

10 绣完1圈后，在步骤**7**中第1个扣眼绣的网眼里挑针，将线拉出。

11 刺绣终点将线穿回到线圈1上。

U形挑针=p.33
扣眼绣（BHS)=p.38

p.14 枕套Ⅱ中花瓣 J 的中心

1 在7处做上标记（也可以用气消笔画出）。

2 从线圈1的下方将线拉出，从线圈2里入针，向右做扣眼绣。

3 绣完1圈后，再在线圈1里入针做扣眼绣。按相同要领在线圈2里做扣眼绣，继续第2圈的刺绣。

4 第2圈完成后的状态。在渡线上挑针，向右做扣眼绣。根据渡线的长度确定扣眼绣的针数。

5 按步骤4相同要领继续刺绣。

6 绣完1圈后，在第1个扣眼绣的网眼里挑针。

7 刺绣终点将线穿回到线圈1上。

p.14 枕套Ⅱ 连缀线交叉位置
（根数为奇数）

→连缀线的制作方法见p.33

交叉位置的绕线方法

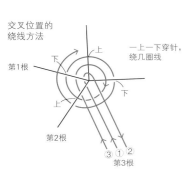

第1根

上

一上一下穿针，绕几圈线

第2根

第3根

③①②
第3根

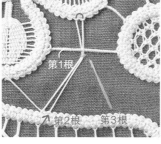

1 在线圈里呈U形挑针，拉出第2根连缀线的纵线。在3根连缀线交叉位置用疏缝线临时固定。

2 第2根连缀线制作完成后，从第3根连缀线刺绣起点的线圈下方将线拉出，在第1根与第2根连缀线的交叉位置挑针。

3 在线圈里呈U形挑针，然后在步骤2相同位置挑针。

4 将线拉出，参照左边图示在3条渡线的下方入针，接着在第1根和第2根连缀线里一上一下顺时针穿线。

5 绕几圈线后改变方向，在3条渡线上挑针。

6 在纵线上一圈一圈绕线至下侧。一边拉紧所绕线圈，一边往上压紧。绕线终点将线穿回到线圈上。

73

p.10 竹篮盖巾的缝制方法　实物大图案与材料见纸型的A面

1　裁剪布料（1片）

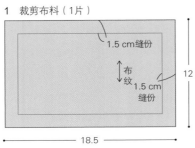

1.5 cm缝份

布纹

1.5 cm缝份

12

18.5

*请根据蕾丝作品的实际尺寸适当调整

2　将蕾丝作品重叠在布料上，用疏缝线固定

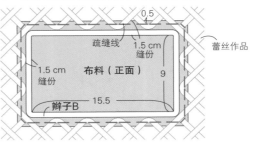

0.5

疏缝线

1.5 cm缝份

蕾丝作品

1.5 cm缝份

布料（正面）

9

辫子B

15.5

3　将蕾丝作品缝在布料上

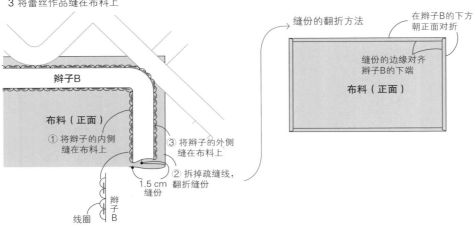

辫子B

布料（正面）

① 将辫子的内侧缝在布料上

③ 将辫子的外侧缝在布料上

② 拆掉疏缝线，翻折缝份

1.5 cm缝份

辫子B

线圈

缝份的翻折方法

在辫子B的下方朝正面对折

缝份的边缘对齐辫子B的下端

布料（正面）

在网格上做珍珠绣（p.10 竹篮盖巾）

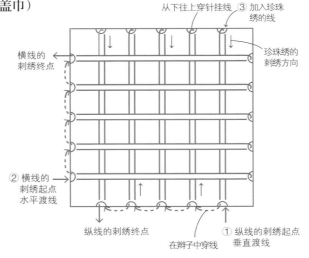

从下往上穿针挂线

③ 加入珍珠绣的线

横线的刺绣终点

珍珠绣的刺绣方向

② 横线的刺绣起点水平渡线

纵线的刺绣终点

在辫子中穿线

① 纵线的刺绣起点垂直渡线

珍珠绣

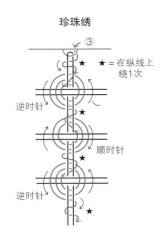

③

★ = 在纵线上绕1次

逆时针

顺时针

逆时针

包芯鱼鳞绣（p.10 竹篮盖巾）

1 刺绣起点从线圈1的下方将线拉出，在线圈2、3里呈U形挑针，拉出芯线。

2 参照下面的图示，在下侧辫子的线圈以及芯线里挑针，向右做扣眼绣。

3 改变针的方向，从后往前在芯线以及步骤2的同一个线圈下方入针。

4 松松地将线拉出，再在线环中穿针将线拉出，整理一下针脚。

5 每隔1个线圈重复步骤2~4，向右侧刺绣。在线圈4、5里呈U形挑针。

6 在线圈6、7里呈U形挑针，拉出芯线。在前一行的渡线以及芯线里一起挑针，做包芯鱼鳞绣。

7 按步骤6相同要领，从下往上继续刺绣。

包芯鱼鳞绣

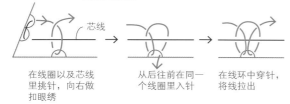

在线圈以及芯线里挑针，向右做扣眼绣 → 从后往前在同一个线圈里入针 → 在线环中穿针，将线拉出

在网格上做珍珠绣（p.9 花环装饰垫中花瓣 C 的中心）

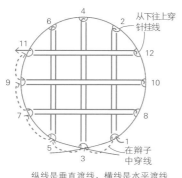

纵线是垂直渡线，横线是水平渡线

1 参照左边的图示，刺绣起点从线圈1的下方将线拉出，依次拉出纵线。接着从线圈7的下方将线拉出，依次拉出横线。

2 加入新线，从线圈2的下方将线拉出，参照p.74的图示做珍珠绣。

p.18 茶席的缝制方法 实物大图案与材料见纸型的B面

1 裁剪表面与背面的布料

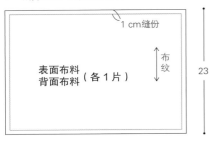

1 cm缝份

表面布料
背面布料（各1片）

布纹

23

32

2 正面相对，缝合

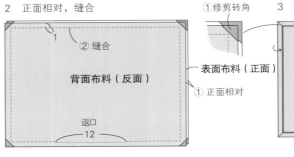

1
② 缝合

背面布料（反面）

① 正面相对

返口
12

① 修剪转角

3 修剪转角，翻折缝份

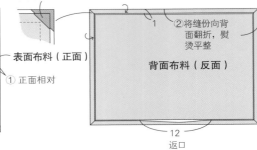

1
② 将缝份向背面翻折，熨烫平整

表面布料（正面）

背面布料（反面）

12
返口

4 从返口翻回正面

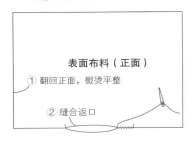

表面布料（正面）

① 翻回正面，熨烫平整

② 缝合返口

5 在边缘缝合，再缝上蕾丝作品

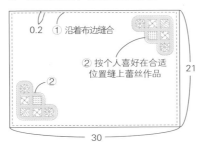

0.2
① 沿着布边缝合

② 按个人喜好在合适位置缝上蕾丝作品

21

30

在连缀线上做结粒绣

3
在对角线上渡线

夹住连缀线

1

2

4

在对角线上渡线

中心的绕线方法

顺时针方向绣2圈左右的线

逆时针方向绣2圈左右的线

在网格上做珍珠绣（p.18 茶席）

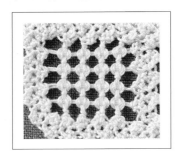

从下往上穿针挂线

③ 加入珍珠绣的线

8 6 4 2

横线的刺绣终点

15   16

珍珠绣的刺绣方向

13   14

11   12

9   10

② 横线的刺绣起点 水平渡线

纵线的刺绣终点

7 5 3 1

① 纵线的刺绣起点 垂直渡线

在辫子中穿线

8 6 4 2

7 5 3 1

1 参照左边的图示，刺绣起点从线圈**1**的下方将线拉出，依次拉出纵线。

15
13
11
9

10

2 接着从线圈**9**的下方将线拉出，在线圈**10**里挂线，再从线圈**9**的下方入针返回，依次拉出横线。

15
13
11
9

16

12

10

3 拉出横线至线圈**15**。

2

4 接下来，花样的刺绣起点从线圈**2**的下方将线拉出，再从右边在纵线的下方入针，将线拉出。

5 参照p.74的图示做珍珠绣。

6 1个珍珠绣完成。从左边在纵线的下方入针。

7 将线拉出，然后在纵线上绕1次线，从左边在纵线的下方入针。

8 将线拉出。接着在横线和纵线里一上一下顺时针方向绕线。

9 2个珍珠绣完成。在纵线的下方入针，在纵线上绕1次线，接着逆时针方向绕线。
重复步骤**6~9**继续刺绣。

在连缀线上做结粒绣（p.18 茶席）→连缀线的制作方法见p.33

1 参照p.76的图示，刺绣起点从线圈**1**的下方将线拉出，接着从线圈**2**的下方入针挂线，再回到线圈**1**上。

2 在对角线上拉出了芯线。在芯线的中心以及制作结粒绣的位置做上标记（也可以用气消笔画出）。

3 参照p.33，在芯线上绕线。绕至结粒绣位置时，将针放在芯线上。

4 如图所示，在针上绕8圈线。

5 向上拔出针，再将线拉紧。

6 将针脚收在结粒绣位置。接着在芯线上绕线，制作第2个结粒绣。

7 连缀线上的2个结粒绣就完成了。

8 参照p.76的图示，从线圈**3**的下方将线拉出，在线圈**4**里挂线，再回到线圈**3**，夹住连缀线在对角线上渡线。

9 按步骤**3~6**相同要领制作结粒绣。中心的交叉位置参照p.76的图示，在连缀线以及芯线里一上一下顺时针方向绕2圈线。

10 接着在芯线上挂线，然后一上一下逆时针方向绕2圈线。

11 在中心绕线完成。在剩下的芯线上按相同要领一边绕线一边加入结粒绣，刺绣终点将线穿回到线圈**4**上。

p.8 小玫瑰中的针法

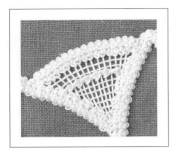

U形挑针=p.33
扣眼绣（BHS）=p.38

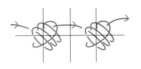

横线的刺绣起点
U形挑针
横线的刺绣起点
横线的刺绣终点
加入扣眼绣的线
横线的刺绣终点

● =扣眼绣的位置

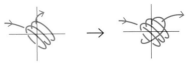

在交叉位置向右下方斜着做3针扣眼绣　　改变方向，在3针扣眼绣的上面再向右上方斜着做1针扣眼绣

每隔1条纵线制作花样

1 刺绣起点从下侧辫子的线圈下方将线拉出，在上侧辫子的线圈里呈U形挑针，依次拉出7组纵线。

2 从左侧辫子的线圈下方将线拉出，在纵线里一上一下入针。

3 将线拉出，在右侧的线圈里呈U形挑针，与第1行相互错开在纵线里一上一下挑针。

4 将线拉出，在左侧的线圈里呈U形挑针。重复步骤2、3继续拉出横线。

5 参照上面的图示，从上面第3条横线的线圈下方将线拉出，再从横线与纵线的交叉位置（●）的下方入针，向右下方斜着做3针扣眼绣。

6 从步骤5中3针扣眼绣的下方入针，向右上方斜着做扣眼绣，相当于将3针绑在了一起。

7 空出1条纵线，重复步骤5、6。

8 这是2个花样完成后的状态。按相同要领向右侧继续刺绣。

葡萄果实的制作方法（p.15 袖口）　成品尺寸：直径1.2cm

直径
3mm

直径
1.2cm

1cm
疏缝线

1 用气消笔在图案底布上画出直径1.2cm和3mm的圆形。从直径3mm的圆形向外呈十字形缝上1cm左右的疏缝线。

2 准备2m左右的线，将线穿在针上，顺时针方向绕30圈左右的线。

3 绕完30圈左右的状态。如图所示从中心向外挑起全部的线，向右做扣眼绣。

第1个
扣眼绣

4 在左上1/4处做4针扣眼绣后的状态。一共要做16~18针扣眼绣。

5 做完1圈扣眼绣后的状态。刺绣终点从第1个扣眼绣的网眼下方入针，从上方将线拉出。

6 从中心向外挑起全部的线，从扣眼绣的渡线上方出针，在针上绕线。

将针拔出

将线拉出

在扣眼绣里入针

7 在针上绕12圈左右的线后，慢慢地将针拔出。

8 整理所绕线圈，将其倒向中心。

9 挑起全部的线，将线拉出。

10 从旁边的扣眼绣网眼的下方入针。

11 将线拉出。

12 从中心向外挑起全部的线，从扣眼绣的渡线上方出针。

13 在针上绕12圈左右的线，重复步骤7~12。

14 刺绣结束后，在第1个扣眼绣里入针，再在针脚中穿线，从后面出针。剪掉疏缝线，葡萄果实就完成了。

Romania Lace Touou no teshigoto（NV70651）

Copyright：© Midori Miwaura/NIHON VOGUE-SHA 2021

All rights reserved.

Photographer：Yukari Shirai, Nobuhiko Honma

Original Japanese edition published in Japan by NIHON VOGUE Corp.

Simplified Chinese translation rights arranged with BEIJING BAOKU

INTERNATIONAL CULTURAL DEVELOPMENT Co.，Ltd.

备案号：豫著许可备字 -2022-A-0016

三轮浦绿（Midori Miwaura）

现居神奈川县横滨市。1992年师从于白鸟千鹤子（已故）。2009年创立了 "SEZATOARE" 教室，在横滨市内的小咖啡馆内开始教学活动。2012年在原宿首次举办了个人作品展，之后时不时会举办一些与学生合作的作品展。2019年开始，在宝库学园东京校区开设讲座。至今制作的罗马尼亚蕾丝作品已经超过100件，今后也会将罗马尼亚蕾丝作为终生事业继续创作。

* "SEZATOARE" 在罗马尼亚语中的意思是"欢聚在夜晚"。听说有这样一种聚会，在漫长、严寒的冬日夜晚，年轻的小姑娘们聚在一起，跟着老奶奶们学习手工艺，此时少年们就会拿着乐器围过来，大家一起跳跳舞、聊聊天……如果可以在这样的氛围下传授手工艺就太好了！这便是教室名字的由来。

图书在版编目（CIP）数据

美丽的罗马尼亚蕾丝 /（日）三轮浦绿著；蒋幼幼译. -- 郑州：河南科学技术出版社, 2024. 11.-- ISBN 978-7-5725-1654-2

Ⅰ. TS935.521

中国国家版本馆CIP数据核字第20249KN570号

出版发行：河南科学技术出版社

　　　　　地址：郑州市郑东新区祥盛街27号　　邮编：450016

　　　　　电话：（0371）65737028　65788613

　　　　　网址：www.hnstp.cn

策划编辑：仝广娜

责任编辑：梁莹莹

责任校对：耿宝文

封面设计：张　伟

责任印制：徐海东

印　　刷：北京盛通印刷股份有限公司

经　　销：全国新华书店

开　　本：889 mm×1194 mm　1/16　印张：7　字数：180 千字

版　　次：2024年11月第1版　　2024年11月第1次印刷

定　　价：59.00元